奇趣百科馆

动物世界

DONGWU SHIJIE

九色麓 主编

U0313548

21 二十一世纪出版社集团
21st Century Publishing Group
全国百佳出版社

目录

第四章　视觉大师

第五章　可爱精灵

第一章
动物家族

　　动物几乎遍布地球的每一个角落，它们种类繁多，姿态万千，有的聪明可爱，有的狡猾蠢笨，不由得让人惊叹大自然的奇妙。

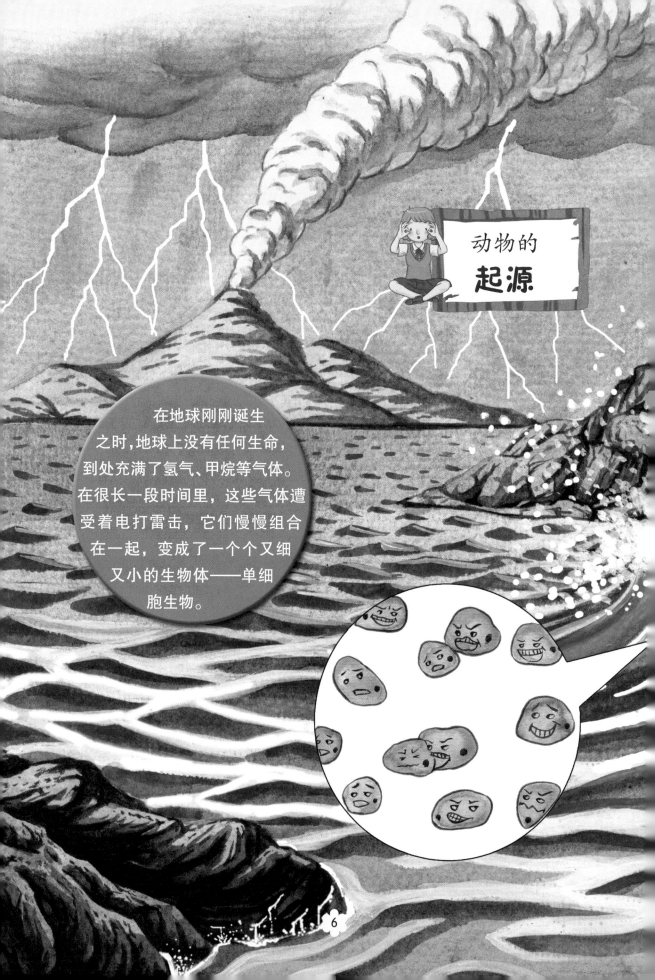

动物的 起源

在地球刚刚诞生之时，地球上没有任何生命，到处充满了氢气、甲烷等气体。在很长一段时间里，这些气体遭受着电打雷击，它们慢慢组合在一起，变成了一个个又细又小的生物体——单细胞生物。

6

生物的形态并不是一成不变的，它们要适应环境，结构就要发生相应的变化。于是，几十个、几百个，甚至成千上万个细胞聚集在一起，组成了我们肉眼能看到的器官，像嘴巴、鼻子，再由这些器官组成一个个生物体。可以说，大自然中所有的生物都是由神奇的细胞组成的。

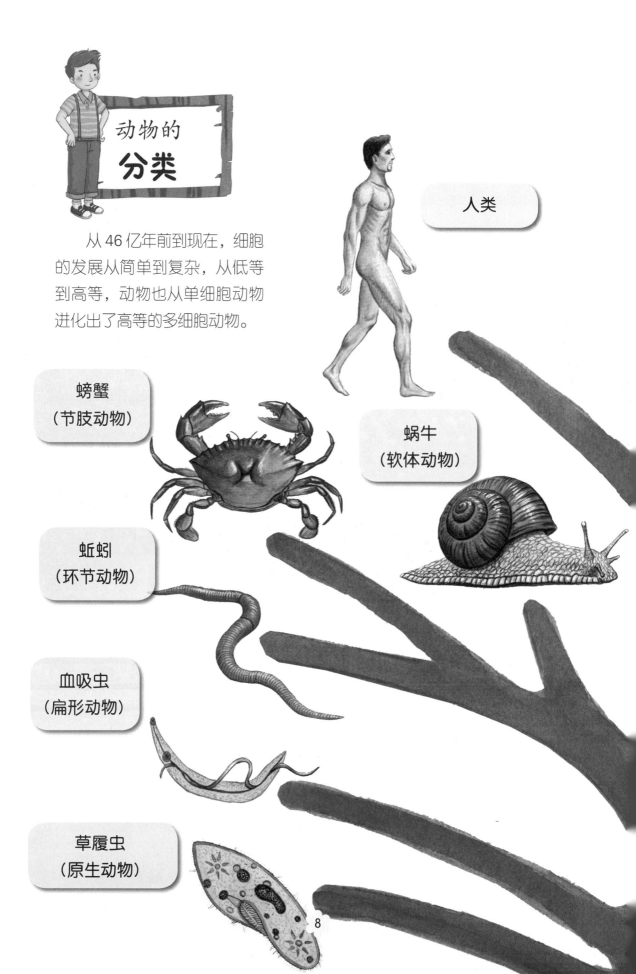

动物的 分类

从 46 亿年前到现在，细胞的发展从简单到复杂，从低等到高等，动物也从单细胞动物进化出了高等的多细胞动物。

人类

螃蟹
（节肢动物）

蜗牛
（软体动物）

蚯蚓
（环节动物）

血吸虫
（扁形动物）

草履虫
（原生动物）

8

原生动物、线形动物、软体动物等都是无脊索动物。后来，脊索动物出现了，并逐渐占据整个地球。

科学家将动物的进化历程绘制成一棵精致的系统树。系统树低端是古老的动物，树枝末端是不同历史发展阶段进化出来的具有代表性的动物。

恐龙（脊索动物）

海星（棘皮动物）

蛔虫（线形动物）

水母（腔肠动物）

毛壶（海绵动物）

9

环节动物是常见的无脊椎动物，它们由头、长而分节的躯体及消化道组成；头、胸、腹的区分度并不明显。蚯蚓就是最常见的环节动物，蚯蚓有长长的、软软的身体，身体是一环一环的。

环节动物

蚯蚓

蚯蚓生活在土壤中，喜欢吃腐败的有机物。它对环境是有帮助的，因为它可以疏松土壤，提高土壤的肥力。如果蚯蚓不小心把身体弄断了，一段时间后还能重新长好。

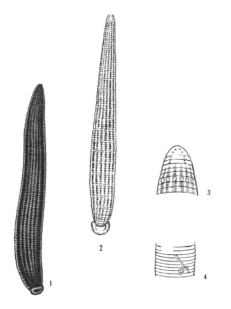

蚂蟥

蚂蟥又叫水蛭，在池塘、湖泊及水田中生活。它行动迅速，喜欢吸食人类和牲畜的血液。不过，蚂蟥能入药，具有治疗中风、高血压、跌打损伤、清瘀等功效。

软体动物也是无脊椎动物中的重要一份子，它们的身体很柔软，但身上没有环节，大多数有硬硬的壳。乌贼、章鱼、蛤蜊、蜗牛都是常见的软体动物。

软体动物

章鱼

章鱼是最常见的海洋动物之一，它们的个头有大有小，最大的有4米长，最小的才几厘米。章鱼又叫八爪鱼，因为它们有八条触腕。这八条触腕感觉灵敏，每条触腕上有几百个吸盘，谁被触腕缠住，难以脱身。

蜗牛

蜗牛生来就是"有房一族"，背着"房子"四处旅游。如果累了或者遇到危险情况，它们还可以把身体缩回壳里，到"房子"里休息或躲避，它们还能分泌黏液将缺口封住。蜗牛虽小，但种类非常多，有2万多种，它们的影子几乎遍布全世界。

乌贼

遇到强敌的时候，乌贼会喷出一股浓浓的"墨汁"来迷惑敌人，从而逃跑。所以，乌贼又叫墨鱼。乌贼的身体像个橡皮袋子，内部器官被包裹在袋内，它们的身体的两侧还有肉鳍，那是用来游泳和保持身体平衡的。

节肢动物

节肢动物的家族十分庞大，虾蟹、蜘蛛、蚊蝇、蜈蚣都是节肢动物。节肢动物适应能力极强，无论是海水、淡水、土壤、空中都有它们的踪迹。

节肢动物的特点

节肢动物身体两侧对称，可分为头、胸、腹三部分，或头部与胸部合为头胸部，或胸部与腹部愈合为躯干部。比如，蝗虫的身体分为头、胸、腹，虾的身体分为头胸、腹二部分，蜘蛛的身体分头胸部、腹部，蜈蚣的身体分头部、躯干部。

第一章

动物家族

蜈蚣

蜈蚣又叫"百足之虫"，但它们并没有一百条腿。蜈蚣的身体由二十一节体节组成，每节体节上只有一对足。它们的第一对足是最毒的，这对足的前端有一对倒钩，并生有毒腺，如果有人被咬到，就会感到剧烈的疼痛。

蜈蚣有很多药用功能，具有息风镇痉、攻毒散结、通络止痛之功能，可以用于小儿惊风、抽搐痉挛、中风口眼歪斜、半身不遂、破伤风症等病症。

人们将蜈蚣与蛇、蝎子、壁虎、蟾蜍合称为"五毒"。

甲壳动物是节肢动物中的一种，因为体表都有一层坚硬的"盔甲"而得名。甲壳动物的种类很多，有2万多种。大部分的甲壳动物生活在海洋中，少数栖息在淡水中和陆地上。我们经常见到的螃蟹、龙虾等，就是典型的甲壳动物。

螃蟹

　　螃蟹长着尖锐的爪子、有力的钳子，身上还背着一个青灰或者五彩斑斓的硬壳，看起来非常凶猛狰狞。螃蟹有五对胸足，最前面的一对是强壮的螯，用来寻找和捕捉食物，其余的四对用来走路。螃蟹走路的时候，可是真正的"横行霸道"，因为它们是横着走，而不是往前直走。

龙虾

龙虾是虾类中最大的品种，身体有20厘米～40厘米长，体重也有几千克。它们有一个坚硬的外壳，色彩斑斓，头胸部比较粗大。

龙虾生活在热带海域，只在夜间活动，有时还会成群结队地在海底迁徙。它们可以通过触角与外骨骼之间的摩擦发出一种尖锐的摩擦音，以吓跑天敌。在遇到严重的危机时，它们还会丢弃自己的肢体，包括螯、腿、大小触角等，以求得宝贵的逃生时间——这个特点与壁虎一样。

昆虫

昆虫是节肢动物的一种，是地球上数量最多的动物群体，它们的踪迹几乎遍布世界的每个角落。它们由头、胸、腹三部分组成。

昆虫的种类非常多，人们知道的昆虫品种约 100 万种。常见的昆虫有蝴蝶、甲虫、蚂蚁等。

凤蝶

凤蝶又叫燕尾蝶。在蝴蝶中，它们的体形偏大，再加上那艳丽的色彩和飘逸的舞姿，就成了蝴蝶中的女皇。凤蝶翅膀的底色通常是会闪光的黑色或蓝绿色，上面布满了黄、橙、红、绿等颜色的花斑，非常美丽！

第一章
动物家族

金龟子

金龟子有一对坚硬的前翅，合拢时会在背上形成一个硬硬的壳，所以又叫"硬壳虫"。金龟子的前翅一般呈墨绿色，后翅是透明的。它们的前翅在阳光下会发出耀眼的金属光泽，所以才叫金龟子。

金龟子和蛾一样，有很强的趋光性，喜欢朝有光的地方飞。

棘皮动物

在无脊椎动物中，棘皮动物的进化地位很高。棘皮动物外皮一般具有石灰质的刺状突起，身体呈球形、星形或圆棒形，它们生活在海底，运动缓慢或不运动。常见的棘皮动物有海星、海胆、海参等。

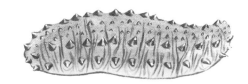

海星

海星的颜色比天上星星的颜色要艳丽多了，红的、黄的、蓝的，五颜六色。它们的身体表面布满了圆形突起，再加上星星一样的身体，显得非常可爱。

但是，你可别被它们可爱的外表迷惑了，它们可是凶猛的杀手！海参的个头比海星要大很多，它看到海星也会畏惧三分。

第一章

动物家族

鱼类

鱼类存在的历史悠久，大约 5 亿年前，它们已经出现了。鱼儿离不开水，它们靠鳃呼吸，用鳍来游泳，身上还长满了鳞片。鱼类品种繁多，存活至今的鱼有 2 万多种。常见的鱼类有草鱼、鲤鱼等。

鱼鳍

鱼鳍是鱼类游泳的器官，是鱼本身不可缺少的一部分。鱼鳍不仅能帮助鱼类游动，还可以起到一定的缓冲作用。

鱼鳔

大多数鱼类都有鱼鳔，鱼鳔内含空气。通过调节鱼鳔的收缩和膨胀，鱼类能够在水中上升或下沉。

草鱼

　　草鱼是中国特有的鱼类，是典型的食草性鱼类。它们的个头较大，身体有点像圆筒。它们不"挑食"，生长速度很快，是中国淡水养殖的四大家鱼之一。

鲤鱼

鲤鱼也是家喻户晓的淡水鱼，它的身体一般呈黄色，尾巴上有一抹红色。

鲤鱼原产于亚洲，后来"出国"到欧洲和北美洲等地区。鲤鱼是杂食性动物，在寻找食物时喜欢把水搅浑，这对很多动植物有不好的影响。

在中国，鲤鱼被人们当作是富裕、吉祥、勇敢、善良的象征。在民间传说中，它能沿着黄河逆流而上，最终跳过龙门变成了龙，所以就有了"鲤鱼跳龙门"的说法。

鲨鱼

　　鲨鱼是海洋中最凶猛的鱼类，它有强健的身躯，锋利的牙齿，很多鱼儿看到鲨鱼就吓得屁滚尿流，仓皇逃窜。

　　鲨鱼的历史悠久，甚至可以追溯到到恐龙时代之前。鲨鱼家族很庞大，有虎鲨、鲸鲨、锯鲨等，它们的体形大小不一，有的十几米长，有的才几十厘米长。与其他鱼类不同的是，鲨鱼竟然没有鱼鳔，这让它们时刻都保持着运动状态。

两栖动物

两栖动物幼时生活在水中，用腮呼吸，长大后可以生活在陆地上，用肺和皮肤呼吸。现存被确认的两栖动物有 4000 多种，大多数在陆地上生活，在水中繁殖。常见的两栖动物有蝾螈、娃娃鱼、青蛙、蟾蜍等。

蝾螈

蝾螈是一种典型的两栖动物，外形和蜥蜴有点儿像，但是没有鳞片。大部分蝾螈生活在北半球温带地区的淡水和沼泽地区，因为它们要依靠皮肤来吸收水分。当气温下降到零摄氏度以下时，它们就会进入冬眠状态。

蝾螈一般都有鲜艳美丽的颜色，而且有毒，那鲜艳的体色就是在警告敌人：如果你再靠近，就让你吃不了兜着走。

青蛙

青蛙是人们最熟悉的两栖动物，它们专吃稻田里的害虫，是农田小卫士。每年春天，青蛙在水中产卵，孵化出小蝌蚪。一段时间之后，小蝌蚪的后腿长出来了，然后再长出前腿，随后尾巴也慢慢地消失。等小蝌蚪变成了小青蛙之后，它们就可以在陆地上生活了。青蛙是名副其实的跳高能手，每一次都能跳到自己体长20倍的高度。

特别的眼睛

青蛙的眼睛非常特殊，看运动着的东西很敏锐，看静止不动的东西却很迟钝。只要虫子在飞，不管飞得多快，它们都能分辨清楚，还能判断什么时候跳起来把虫子逮住。可是虫子如果停住不飞，它们就看不见了。

第一章

动物家族

爬行动物

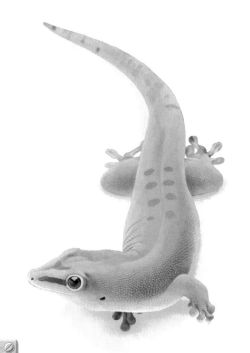

爬行动物是在约 3 亿年前从两栖动物进化而来的，它们的皮肤干燥且表面覆盖着鳞片或外壳，所以它们离开水也能生存。大名鼎鼎的恐龙就是爬行动物。

壁虎

壁虎是非常有名的爬行动物，因为它们和人类的关系很紧密，同时还是一个"武林高手"——能飞檐走壁，即使在光滑的玻璃上也能行走自如。

"飞檐走壁"的壁虎

壁虎的脚底长有肉眼看不见的极细小的绒毛，这些绒毛就像一个个弯曲的小钩，能轻而易举地抓住物体表面细小的凸起。所以，壁虎能够"飞檐走壁"。

鸟类

1.4 亿年前，鸟类由爬行动物进化而来。

鸟类的羽毛形状各异、色彩繁多，不仅有助于保持体温，还有利于飞行。绝大多数的鸟类具有飞行能力，因此能主动迁徙以适应多变的环境。

麻雀

麻雀是最常见的鸟类之一，喜欢在人类居住的地方活动。它们生性活泼，好奇心较强，胆大易近人，但警惕性非常高。麻雀体长约 14 厘米，羽毛以粟色为主，同时夹杂一些黑色条纹。

大雁

秋风起，树叶落，大雁就会飞往南方渡过冬天。

大雁的样子有点像鹅，嘴巴比较宽，而且比较厚，喜欢生活在水边。它的羽毛主要是灰褐色的，上面还有可爱的斑纹。

大雁是出色的空中旅行家，每年秋天，它们都会从西伯利亚飞到中国南方过冬。第二年春天，它们又会飞回西伯利亚，繁衍生息。

有规律的雁阵

大雁在迁徙的时候，会组成"雁阵"，有时排成"人"字形，有时排成"一"字形，而且还会由经验丰富的头雁来带领整个雁群飞行。

哺乳动物是动物发展史上最高等的动物，它们是大自然最优秀的孩子。

与其他动物相比，哺乳动物最突出的特征在于其幼仔由母体分泌的乳汁喂养长大；哺乳动物具有比较发达的大脑，能不断地改变自己的行为，以适应外界环境的变化。

哺乳动物

鲸是哺乳动物

鲸在海洋中生活，长得和鱼也很相似，那么鲸是鱼还是哺乳动物呢？

首先，鲸是胎生的，每胎一般只产一子，用乳汁喂养幼体。其次，不管是在温暖的水域还是在寒冷的水域，鲸的体温都是恒定的。现在，你知道鲸是哺乳动物还是鱼类了吗？

猪

　　猪是人类最早饲养的动物之一，它身体肥壮，四肢短小，吻部较长，性格温顺，适应力强，繁殖快。猪一般有黑、白以及黑白花等色。

狗

　　狗是人类饲养率最高的宠物，也是人类忠诚的卫士，它能帮人们完成很多事情，比如说看家护院。狗的鼻子很灵敏，因此，能为猎人寻找猎物，是猎人的好帮手。

牛

牛的性格温顺，体形粗壮，头部长有一对角。牛是人类的好朋友，能帮助农民耕田，对农业生产有着巨大的作用。

羊

羊也是人类最先饲养的家畜之一，有绵羊、山羊等种类。绵羊能为人类提供优质的羊毛，用羊毛做成的衣服可暖和了；山羊能为人类提供营养丰富的肉食。

马

在古代，马在农业、运输和军事等领域中发挥了重要的作用，它既能耕地，也能驮运物资，士兵还能骑着马在战场上冲锋陷阵。

第一章
动物家族

第二章
动物高手

　　动物的生存竞争是残酷的，生存下来的动物练就一身"绝世武功"，其中有以速度闻名于世的，有以用毒威震一方的，还有以善用计谋为人瞩目的……对它们来说，这一切，都是为了更好地生存！

用毒高手

在残酷的自然界中，不能适应环境就意味着死亡。因此，动物们充分发挥自己的聪明才智来躲避敌人和捕食猎物。不少动物进化出了身藏剧毒的身体。

蝎子

蝎子身后有一条长长的尾巴，上面长着毒刺。它们就靠毒刺猎杀猎物和抵御敌人。生活在以色列的金蝎，体长7厘米，是世界上最毒的蝎子，它的毒液可以在5分钟内毒死一匹骏马。

箭毒蛙

箭毒蛙生活在南美洲的热带雨林当中，体形很小，颜色艳丽。它是世界上最美丽的青蛙，同时也是毒性最强的物种之一。如果把箭毒蛙体内的毒素提取出来，可以瞬间杀死2万多只老鼠。

第二章
动物高手

蓝环章鱼

　　蓝环章鱼体形较小，身体展开也不会超过15厘米。但是，你可别小看它，它可是身怀剧毒。如果有人惹到它，它就会咬人致人于死。更厉害的是，目前还没找到有效的解毒剂！

　　蓝环章鱼个性害羞，喜欢躲在石头下面，晚上才出来活动和觅食。它因为身体上鲜艳的蓝环而得名，遇到危险时，身上和爪子上深色的环就会发出耀眼的蓝光，向对方发出警告信号。

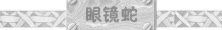

眼镜蛇

一说起蛇，很多人都会起鸡皮疙瘩，冷酷的目光，冰冷的身体，锐利的獠牙，让人不寒而栗。世界上有3000多种蛇，其中有大约700种蛇有毒。

眼镜蛇是蛇中的用毒高手，它们的体形较大，可达两米。在遇到危险的时候，还会将身体前段竖起，颈部皮褶两侧膨胀，借以恐吓敌人。眼镜蛇的毒液藏在毒牙中，任何生物只要沾上一点，就有可能失去生命。

动物界有许许多多的伪装高手，它们与生俱来的伪装本领，让你即使与它们近在咫尺，也难以发现它们。

伪装高手

变色龙

变色龙是蜥蜴的一种，它们的皮肤像块魔法变色板，不管爬到哪里，变色龙都会变成和环境一样的颜色。

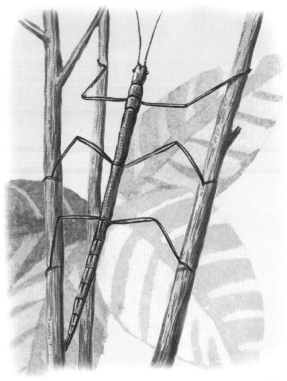

竹节虫

大部分竹节虫的颜色呈深褐色，少数为绿色或暗绿色，身体又细又长。当竹节虫把几条腿收拢时，像极了小竹枝或小树枝。一般情况下，它们都会静静地隐藏在竹叶或树叶之间，人们很难发现。

枯叶蝶

枯叶蝶是世界著名的拟态昆虫，伪装是它的强项。发现危险时，枯叶蝶就会立即以敏捷的动作迅速飞离危险，逃到大树上，借助模仿枯叶的本能把自己隐藏起来，让敌人难以发现。当枯叶蝶休息时，翅膀会合拢竖立，展示出翅膀的腹面，酷似秋天的枯叶。更令人惊叹的是，这种颜色能随季节的变化而变化。

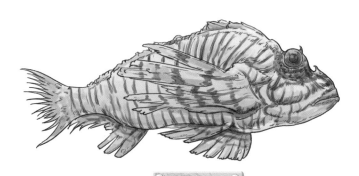

石头鱼

石头鱼貌不惊人，身长只有30厘米左右。石头鱼的身上有许多瘤状突起，喜欢躲在海底或岩礁下，伪装成一块不起眼的石头。更奇妙的是，它们的体色能够随环境不同而复杂多变，所以它们能像变色龙一样通过伪装来蒙蔽敌人。

如果有人不小心踩了石头鱼，它们就会向外发射出致命的剧毒，使人中毒并一直处于剧烈的疼痛中，直到死亡。所以，千万别轻易惹怒它们！

建筑高手

人类的摩天大楼虽然很壮观，但要想找到最为巧夺天工的"建筑"，我们还得去动物王国里寻找。因为在动物王国中，有许多超乎人类想象的建筑大师呢！

河狸

河狸是动物界中的建筑高手，它的门牙非常锋利，咬肌也很发达，能轻松咬断树木。它会孜孜不倦地用树枝、石块和软泥垒成堤坝，围成一片静水区，以此建成自己的巢穴。

蜘蛛

蛛网是蜘蛛的杰作。蜘蛛虽然没有翅膀，但为什么能在空中织网？蜘蛛先向空中放出一根长长的"搜索丝"，任其随微风飘荡，最终会黏在别的物体上。于是，蜘蛛就开始"高空作业"，建造蛛网了。

第二章
动物高手

缝叶莺

缝叶莺也是建筑高手。顾名思义，它的绝活就是"缝纫"。筑巢时，缝叶莺会先选择一两片芭蕉或香蕉树的大叶片，然后灵巧地利用植物的纤维、蜘蛛丝，或者人们丢弃的细线等作为缝线，将树叶缝合起来。为了不使缝线松脱，它还会给线头打上结。缝好了一边，然后再缝另一边，缝成一个口袋状的巢，最后

再去寻找一些枯草、羽毛和植物纤维垫在窝里，一个温暖而舒适的"新房"就造成了。

缝叶莺还会用草茎把叶柄系在树枝上，以防止巢掉到地上；它还会特地把鸟巢做成有一定的倾斜度，以避免鸟巢被风吹落或雨水淋进巢里。

速度高手

在动物界中，有些动物以速度取胜。每当捕食或逃跑时，它们行动迅速，快如闪电。它们当中，有短跑冠军，有飞翔冠军，还有游泳冠军。

雨燕

雨燕是飞行冠军。依靠速度，它躲避了很多大个头鸟儿的追捕，也能抓捕到很多昆虫作为食物。雨燕有一个奇特的习惯——很少降落到地面，它的大部分时间都是在空中度过的。

41

第二章
动物高手

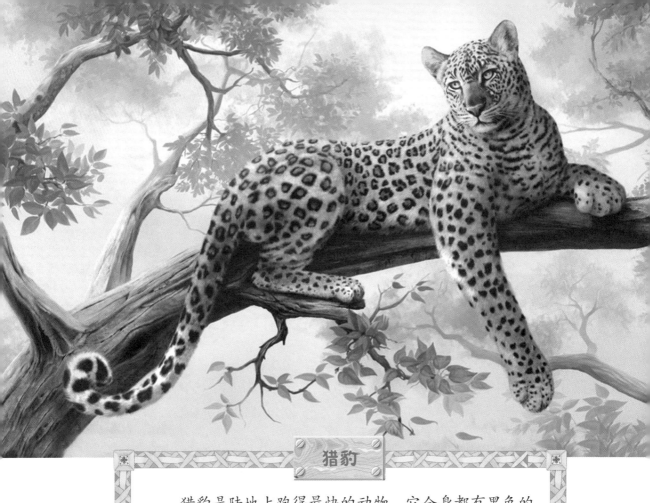

猎豹

　　猎豹是陆地上跑得最快的动物。它全身都有黑色的斑点，一道黑色的条纹从嘴角斜划到眼角，尾巴末端的三分之一部位有黑色的环纹。猎豹体型纤细，腿长、头小，这都是为了方便奔跑。

猎豹的速度

　　猎豹全速奔跑起来，它的时速可以超过110千米，相当于百米世界冠军速度的3倍。不过，这种高速只能维持几分钟。

旗鱼

旗鱼是游泳高手，最高时速可超过 110 千米。它的背鳍又长又高，像船只张开的帆；它的嘴又长又细，是减小阻力的好工具；它不断摆动的尾柄、尾鳍，仿佛船上的推进器。加上流线型的身躯、发达的肌肉，它才能像离弦的箭那样飞速前进。

剑鱼

剑鱼是一种大型的掠食性鱼类。它的嘴巴长而尖，像是一把锋利的宝剑，大约占身长的三分之一。剑鱼的速度奇快，时速可达 110 千米，这和旗鱼的速度不相上下。

剑鱼和旗鱼都是游泳高手，至于它俩的速度谁快，那还有待考究。

第二章
动物高手

海豚

海豚生活在大海中，除了时不时地跃出海面表演"舞蹈"之外，还有一项绝技，那就是利用自身发出的超声波来判断目标的远近和方向。有人做过实验，先将海豚的眼睛蒙上，再把水弄浑浊后，海豚依旧能迅速、准确地找到食物。

听觉高手

大自然中存在一种超过人能听到的高频的声波，叫作超声波。虽然人类听不到它们，但它们可是某些动物生存的法宝，这些动物依靠超声波收集猎物信息、躲避敌害和求偶繁殖。

蝙蝠

蝙蝠的模样很奇怪，有点像老鼠，但又长了一对会飞的翅膀，所以它又叫飞老鼠、天鼠等。

蝙蝠昼伏夜出，到了晚上才出来活动。虽然天色已黑，但丝毫不会影响蝙蝠的活动。蝙蝠在飞行时，会震动自己的声带，发出一种超声波，超声波遇到物体就会反射回它的耳朵里。这样，蝙蝠就能绕开前面的物体了。

第二章

动物高手

螽斯

螽斯，中国北方称其为蝈蝈，它和蟋蟀、蝉一样，能发出悦耳的鸣声。此外，螽斯还能利用超声波互相联系，螽斯有三种鸣声：在它还是"单身汉"时，它就用超声波唱出"求婚曲"；如果与另外一只同性对手相遇，它就用超声波高唱"战歌"；当出现危险时，它就用超声波高奏"报警曲"。

向壁虎取经

壁虎在遇到危险时，会丢弃自己的尾巴来获得逃生机会，这一招螽斯也会。如果有人捉住螽斯的一条腿，它也会毫不犹豫地断腿保命。

装死高手

在动物界中，装死是很多动物的拿手本领。动物们装死的目的不尽相同，有的是为了躲避敌人，有的是为了猎取食物。

棘腹蛙

棘腹蛙体大而肥壮，体长有11厘米，在蛙类中属于大块头。别看它个头蛮大，但经常靠装死来捕食小鸟。想要捕捉小鸟时，它会先躺在地上一动也不动，小鸟会以为它死了，便从树上飞下来啄食。这时，它就会突然跃起，将小鸟拖入水中淹死，再慢慢吃掉。

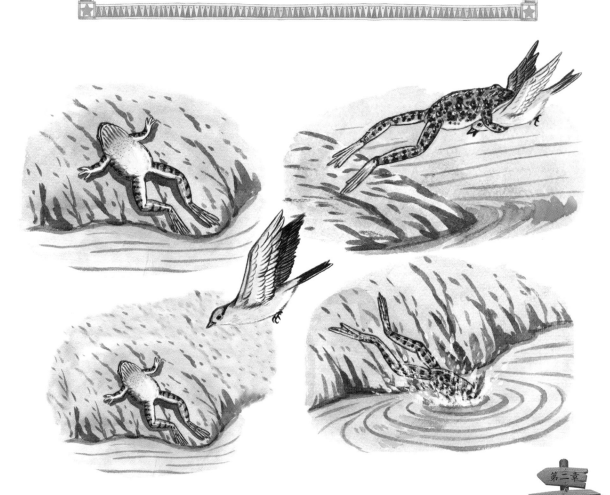

负鼠

负鼠主要生活在拉丁美洲，它性情温顺，喜欢在夜间活动，主要以昆虫、蜗牛等小型无脊椎动物为食。负鼠的天敌很多，遭遇狼、狗等强敌时，它就会装死。

穿山甲

穿山甲也是装死高手，不过它装死是为了找到食物。穿山甲找到蚂蚁窝后，会躺在旁边一动不动，然后张开鳞片，散发出强烈的异味。那些小蚂蚁就被吸引而来，当它身上爬满蚂蚁时，它就把鳞片合紧，滚入水中，再把鳞片张开，使蚂蚁浮在水面上。然后，它就能饱餐一顿了。

野鸭

　　赤狐爱吃活食，常常从两侧或背后袭击野鸭。野鸭为了活命，想出了很多办法。有时，它们发现赤狐来了但来不及逃跑时，就会"灵机一动"，躺在地上，两只翅膀紧贴身体，双足笔直地露在尾后，假装死去。野鸭装死的时间可以持续15分钟，赤狐往往以为野鸭真的死了，只好悻悻离开了。

第二章

动物高手

为了保全性命，有的动物会舍弃身体的某个部位，然后借机逃生。这是它们逃避敌害的一种本领，是它们在长期的生存竞争中适应环境的结果。

分身高手

蜥蜴

在遭遇敌人时，蜥蜴常常会把自己的尾巴弄断。不停跳动的尾巴会吸引敌人的注意力，于是，它就能逃跑了。蜥蜴的尾巴可以从任何部位断裂，而且不久之后，尾巴断开的地方又会重新长出新的尾巴。

海星

海星也是分身高手，只要保留1厘米长的腕，它就能长出一个完整的个体。正因为海星强大的再生能力，所以科学家正在探索其中的奥秘，以便为人类寻求一种新的医疗方法。

蚯蚓

蚯蚓也是分身高手，即使它们被人分成两段，也能继续生存，并且在一段时间之后，它们还会重新长成一条完整的蚯蚓，而且没有任何伤疤。

第二章
动物高手

第三章

掠食动物

　　在自然进化的食物链中，凶猛的掠食动物始终站在金字塔顶端，它们有锋利的爪牙，闪电般的速度。在亿万年的时间里，它们扮演着一个残酷的角色。

狮子是非洲草原上的霸主，它们身披金黄色的短毛"外衣"，雄狮还长着一头浓密的"秀发"，看上去威武极了。雄狮体长可达2.6米，体重有250千克左右，被人们称作"兽王"。

草原之王：狮子

草原之王

狮子是草原的主宰者，被称为"草原之王"。狮子是群居动物。狩猎时，它们先包围猎物，然后再逐步缩小包围圈——有的负责驱赶猎物，有的等着伏击，最后发动突然袭击。

雄狮很少参与捕猎，因为要想在草原上把那夸张的鬃毛和硕大的头颅隐藏起来，并不是件容易的事。

狮子的敌人

狮子虽然凶猛，但也有遭遇敌人袭击的危险，幼狮就常常被鬣狗捕杀。在非洲，犀牛也非常厉害，能对狮子的生命构成威胁。有时候，狮子也会因为猎物的反击而受伤，甚至死亡。此外，它们也常常遭遇人类的捕杀。

狮群

狮子的群体意识很强，同一狮群中，大家能够和睦相处。一般来说，一个狮群只有一头成年雄狮，但也有两头雄狮的情况。

森林之王

老虎对环境要求很高，喜欢生活在茂密的森林中，被称为"森林之王"。一般来说，老虎在傍晚出动寻找猎物，白天就在洞穴或密林深处打盹。

森林之王：
老虎

小档案

老虎有淡黄色或褐色的短毛，其间夹杂着黑色横纹；尾巴有1米左右长，上面有黑色环纹；前额有"王"字形的斑纹，看起来威猛极了。

铁棍般的尾巴

老虎的尾巴长约1米，又粗又硬，就像一根大铁棍。这条尾巴不仅是老虎与同伴交流的工具，也是攻击敌人的武器，老虎能用它把猎物打晕。

我的地盘我做主

在老虎出没的丛林里，常常可以发现一些树干上有爪牙印记，这些都是它们为了占领地盘做的标记。为了保住自己的领地，它们会不停地巡逻，留下尿液或粪便，这是在告诉其他同类：这是我的地盘！

56

短跑冠军：
豹子

小档案

豹子是世界上跑得最快的动物，猎豹更是其中的佼佼者。豹子的背部呈黄色，腹部通常为白色，全身有黑色斑点，嘴角到眼角有一道黑色的条纹。

短跑冠军

猎豹更是短跑赛道的超一流高手，最高的时速能达到每小时110千米，但这种极速只能保持3分钟左右。因此，猎豹如果不能一下子捕到猎物，它就会果断放弃。

以树为家

豹子喜欢在树上休息，或者埋伏在树枝间伺机出击捕捉猎物。当豹子从树上跳下来的时候，往往能够一击得手，然后它们再把猎物拖到树上，藏在树枝间慢慢享用。

致命偷袭

豹子偷袭的本领很强。锁定猎物之后，它们就悄无声息地向猎物靠近。等到接近猎物时，它们就会猛地扑上去，控制住猎物，然后用锋利的牙齿把猎物咬死。

极地之王：北极熊

胖嘟嘟的猛兽

北极熊看起来胖嘟嘟的，似乎很可爱，但你千万别去惹它们，它们可是最凶猛的肉食动物之一。北极熊之所以胖嘟嘟的，是因为北极的气温非常低，必须要有大量的脂肪才能抵御严寒。

小档案

北极熊绝对是"极地之王"，它们是北极地区最大的动物，也是世界上最大的熊，它们的体长可达 2.5 米，体重可达 800 千克。

第三章

掠食动物

穿上保暖衣

北极气候寒冷，因此北极熊长满了密不透风的厚毛，连耳朵和脚掌也长着厚毛，就像穿了一套保暖衣。

北极熊的毛非常特别，是中空透明的，像透明的小管子。这些"小管子"的内壁粗糙不平，把光线折射得非常凌乱，所以它们看上去就是白色的了。

游泳健将

北极熊的皮毛除了能保暖，还可以增加它们在水中的浮力。北极熊的身体呈流线型，脚掌宽大如船桨，后腿可以起到船舵的作用。它们可以在寒冷的水中畅游几十千米，是真正的游泳健将。

月夜幽灵：
狼

小档案

狼是群居动物，相互照顾，共同捕猎，非常讲究团队合作。从外形上看，狼和狼狗很相似，但狼的两只耳朵是竖着的，尾巴一般都是下垂的。

集体协作

狼是一种善于合作的动物，为了捕获猎物，常常会结伴而行。有时候，狼也会单独寻找猎物，一旦发现目标，就会不停嚎叫，召集同伴一起捕杀猎物。猎物被捕杀后，它们也不会争抢，而是让首领先享用。

第三章

掠食动物

月夜狼嚎

人们经常在电视中看到这样的场景：月圆之夜，一匹狼在引颈长嚎，凄厉的叫声让人汗毛直竖。这让人误以为是幽灵在嚎叫，其实那是狼在联系同伴、传递消息。

狼的精神

狼的团队精神和拼搏精神最为人称道。狼的团队是一个非常讲究合作的团队，它们做任何事情，都要依靠合作；另外，它们也是一种非常具有拼搏精神的动物，为了捕获猎物，它们会一直锲而不舍地追捕。

古灵精怪：
赤狐

特别的本领

赤狐喜欢居住在土穴、树洞或石洞中，有时也占据其他动物的巢穴。别看赤狐的腿短，但跑得很快，而且它们还善于游泳和爬树。

小档案

赤狐体形不大，成年后体长约 70 厘米，体重只有六七千克。它们的毛色因季节和地区不同而有较大变异，一般背面呈棕灰或棕红色，腹部呈白色或黄白色。

第三章
掠食动物

足智多谋

　　赤狐足智多谋，行动前一般会先仔细观察周围环境。它们还喜欢以计谋来捕捉猎物，比如会用装死来吸引穴鼠等小动物的注意力，等它们靠近后，赤狐就趁机把它们捉住。

神奇的夜视眼

　　赤狐的眼睛适合在夜间视物，在黑夜里，它们的眼睛常常发亮。晚上时，如果赤狐在古寺或坟墓附近来回走动，远远望去，它们的眼睛就像闪烁的灯光，使人产生妖魔鬼怪之类的幻想，因此人类称之为"狐仙"。

秃鹫脖子以上的部位是裸露的，嘴像锋利的钩子，全身羽毛呈暗褐色，它们生活在高山和草原地区，主要以腐烂的尸体为食，因此又被称为"草原清洁工"。

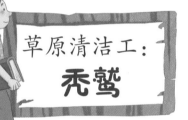

草原清洁工：
秃鹫

光秃秃的脑袋

秃鹫最显著的特点是脑袋是光秃秃的，这跟它们的进食方式有关。秃鹫要将头伸进动物的尸体里取食，如果头上有羽毛，那就既不卫生，也不方便。

空中刺客：

金雕

动物世界

小档案

金雕的头顶有黑褐色的羽毛，翅膀张开可达2米。它们生活在山区，喜欢捕食雁鸭、松鼠、山羊等小型兽类。

捕食高手

金雕常常在高空中一边盘旋，一边寻找猎物。发现目标后，它们会以每小时300千米的速度从天而降，像刺客一样突袭猎物，然后用像刀刃一样锋利的爪子直击猎物的要害部位。

残酷的生存法则

物竞天择，适者生存。自然界的生存法则十分残酷，如果食物不足，长期缺食，那么先出生的小金雕就会啄食后出生的小金雕的羽毛，甚至还会残忍地把自己的兄弟姐妹吃掉。

捕鼠高手：
猫头鹰

小档案

说起猫头鹰，人们肯定不陌生，它们长得像猫，看起来又有点傻，还喜欢白天睡觉、晚上活动。猫头鹰的体形不一，大的体长有90厘米，小的体长还不到20厘米！

名字的来由

猫头鹰的学名叫鸮鹠，眼睛周围的羽毛呈辐射状，细羽的排列形成脸盘，面形似猫，因此得名为猫头鹰。

生活习性

猫头鹰白天喜欢躲藏在树丛、岩穴或屋檐下，晚上出来寻找食物。它们的食物以鼠类为主，也吃昆虫、小鸟、蜥蜴、鱼等动物。由于猫头鹰的眼睛在面部正前方，这让它们在捕猎过程中拥有出色的深度感知能力，尤其是在光线暗淡的情况下。

它们是益鸟

猫头鹰长相古怪，喜欢在晚上活动，飞行时像幽灵一样无声无息，所以人们常认为它们是不祥之鸟。其实，这是一种误解。猫头鹰每年可以吃掉成千上万只老鼠，帮人类保护了许多粮食。

恐怖怪兽：
鳄鱼

鳄鱼是一种古老的爬行动物，在2亿年前就已经出现。鳄鱼身披"盔甲"，生性残暴，有一张血盆大口，是最丑陋、最凶残的动物之一，没有哪种动物敢去招惹它。

慈爱又凶恶的母亲

鳄鱼是卵生动物。在产卵前，它会爬上岸选好产卵地点。产完卵后，它会把卵藏在树叶和干草下面，然后孵化。这时它性格暴躁，凶恶无比，不准任何动物接近自己。小鳄鱼出生后，会跟妈妈生活半年，之后再独立生活。

死亡旋转

鳄鱼常常潜伏在水中，把两只眼睛露在外面，一动不动，就像一段烂木头浮在水面上。如果有动物来到水边，它就会发动突袭，用可怕的大嘴钳住猎物。当猎物太大时，它就会咬住猎物，身体猛然旋转，让猎物顿时丧失活动能力。这就是鳄鱼的杀手锏——死亡旋转。

鳄鱼的眼泪

鳄鱼在吃东西时，经常会流出眼泪。事实上，这是它们在排出身体里多余的盐分。鳄鱼的眼睛里长着一种特殊的腺体，能排出它们体内多余的盐分，所以腺体在活动时，鳄鱼就像在流着痛苦的眼泪。因此人们就用"鳄鱼的眼泪"来讽刺那些一面伤害别人、一面装出善良之态的狡诈之徒。

第三章

掠食动物

冷血杀手：
蛇

小档案

蛇是爬行动物，但它和别的爬行动物有很大的差别——没有脚。蛇分为毒蛇和无毒蛇。毒蛇的头一般是三角形，口中有毒牙，尾巴短，末端突然变细。

这个杀手有点冷

蛇是变温动物，体温低于人类，在猎杀动物时毫不留情，因此有"冷血杀手"之称。在这群"杀手"之中，毒蛇尤为恐怖，它们的毒牙是空心的，与毒囊连接。当毒蛇咬住猎物时，就会向猎物注入毒液。

恐怖的进食

有种说法叫"蛇可吞象"，虽然蛇并不能真的吞下一头大象，但这句话阐述了蛇的进食方式——吞。蛇的嘴巴能张得很大，可以吞下比自己身体大很多的动物。

娃娃鱼又叫大鲵，是世界上现存的最大、最珍贵的两栖动物。娃娃鱼的叫声很像小宝宝的啼哭声，由此而得名。它的头部扁平，还有四条腿和尾巴，主要生活在中国的长江、黄河及珠江中上游的山溪中。

活化石：
娃娃鱼

长脚的"鱼"

娃娃鱼在水中生活，名字中又有一个"鱼"，但它不是鱼，而是两栖动物。它有四条腿，可以在陆地上爬行。娃娃鱼只有肺，没有腮，因此它不能像鱼一样在水中呼吸，只能定时到水面换气。

73

海洋杀手：大白鲨

白色杀手

大白鲨被称作白色杀手，因为从外形上看，大白鲨有着独特冷艳的色泽，还有锋利的牙齿；从能力上来说，它有着保持体温的特殊本领；从个性上来说，它是一种大型的进攻性鲨鱼，会对游泳、潜水、冲浪的人发起攻击，甚至会对小型船发起攻击。

小档案

大白鲨经常被人称为食人鲨，它的胃口很好，见什么吃什么，连船上的杂物也不放过。大白鲨的身长可达 6 米，体重约 2000 千克。它的牙齿很大，有 10 厘米长，看起来像一个三角形，而且还有锯齿状的边缘。

强大的技能

　　大白鲨的嗅觉非常灵敏，能闻到 1 千米外被稀释成原来五百分之一浓度的血液气味；大白鲨的皮肤极具杀伤力，它没有鱼鳞，而是长满了小小的倒刺，只要被撞一下也会鲜血淋漓；它游泳的速度超快，速度可达 40 千米以上。

一大优势

　　在所有的鲨鱼之中，大白鲨是唯一可以把头部直立于水面之上的鲨鱼，这使它具有在水面之上寻找潜在猎物的优势。

海上霸王：虎鲸

小档案

虎鲸身长可达10米，体重9吨，头部略圆；背鳍高而直立，长达1米；身体有黑、白两色。虎鲸性情凶猛，企鹅、海豹等动物都是它的美食。

海上霸王

对于许多大型海洋生物来说，虎鲸是极为可怕的，因为它们是成群结队地活动，这样就给其他海洋生物造成了极大的威胁。比如，虎鲸会先把鱼类驱赶到一起，然后再轮流进入鱼群去进食。

杀人鲸

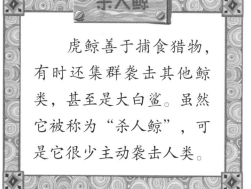

虎鲸善于捕食猎物，有时还集群袭击其他鲸类，甚至是大白鲨。虽然它被称为"杀人鲸"，可是它很少主动袭击人类。

扎堆的虎鲸

别看虎鲸性情凶残，但它们喜欢群居，有几只的小群，也有四五十只的大群。虎鲸群体的成员很团结，如果有成员受伤，其他成员就会来帮忙，用身体或头部托起，使伤者能够继续漂浮在海面上。睡觉的时候，它们也扎成一堆，这样可以保持警惕，提高安全性。

第四章

视觉大师

在自然界中，许多动物能巧妙地将各种色彩元素运用到自己身上，让人觉得美不胜收。比起人类的设计师来，它们才是真正的视觉大师。

美丽毒伞：
北极霞水母

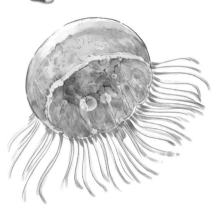

小档案

水母的种类很多，有200多种，各地的海洋中都有它们的踪影。其中，体形最大的是北极霞水母。北极霞水母是世界上最长的动物，最长的一只，光触手就有30多米长。它们身体的主要成分是水，伞状体上闪耀着彩霞的光芒。

美丽的水母

北极霞水母的伞状体色彩斑斓，闪耀着彩霞的光芒。伞状体直径约有 2 米，下垂的触手大约有 20 米~30 米，是海洋中的巨伞。

北极霞水母的习性

北极霞水母的触手上有刺细胞，能放出毒素。当所有的触手伸展开时，就像是布下了一个天罗地网，网罩面积可达 500 平方米，任何动物一旦陷入罗网，只能束手就擒。它们的罗网纵然厉害，但体长只有 7 厘米的牧鱼却能在其间穿梭自如，把这当成了很好的避难所。牧鱼和它们还能合作捕捉食物。

滑翔使者：大紫蛱蝶

小档案

大紫蛱蝶体形较大，成虫的翅展可达 11 厘米，它们主要生活在日本各地、朝鲜半岛、中国、越南北部等，它们被日本选为国蝶。

生活习性

大紫蛱蝶喜欢在河谷或森林边缘滑翔飞行，舞姿曼妙轻盈，非常漂亮。

不过，大紫蛱蝶的幼虫很不起眼。它的幼虫呈长筒状，头顶有一对"丫"字形分叉角状突出，身体和头部呈绿色。

81

区分雌雄

　　雄性的大紫蛱蝶翅膀表面有紫色光泽和白斑，雌性大紫蛱蝶前翅是暗褐色，后翅有两列黄斑，没有紫色金属光泽。

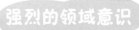

强烈的领域意识

　　大紫蛱蝶的领域意识非常强，如果有其他的蝴蝶闯入它们的地盘，它们会毫不犹豫地冲上前去追逐驱赶。大紫蛱蝶栖息在大树顶或中段，喜欢围在老树流出酸性汁液处取食。

夺目的王者：孔雀

雄孔雀是世界上最美丽的鸟类之一，它的尾羽展开后像把彩色的扇子，光彩夺目。在人们眼中，孔雀是吉祥、美丽、华贵的象征。

孔雀开屏

雄孔雀平时很少开屏，但是在春天，它们开屏的次数会增多，这是雄孔雀在向雌孔雀表达爱意，用美丽的羽毛来吸引雌孔雀。

同时，孔雀开屏也是为了保护自己。它们像扇子一样漂亮的尾屏上有着很多像眼睛一样的圆形斑纹，当它们遇到敌人时，就会突然展开尾羽，让敌人误以为是遇到了"多眼怪兽"，从而吓退敌人。

动物世界

孔雀虽然有翅膀，但是它们并不善于飞翔。遇到敌人的时候，它们只能飞奔逃跑，所以它们十分机警。孔雀在清晨会静悄悄地走到河边喝水、梳理羽毛，然后结队到树林里寻找食物。天黑之后，它们会躲在树上观望周围的环境，确保安全后才会安然入睡。

凤凰的原型

凤凰是传说中的百鸟之王，它象征着吉祥、美好、尊贵。然而，凤凰实际上是不存在的，它的原型就是孔雀。

全身像团火：
火烈鸟

小档案

火烈鸟又叫红鹳，它的脖子很长，呈"S"形弯曲；嘴巴短而厚，且向下弯曲。它的羽毛白里泛红，远远望去像一团火，两条腿更像燃烧的火柱。

为什么是红色的

火烈鸟喜欢居住在咸水湖边，湖水中有很多盐碱物质。这种盐碱水质再加上强烈的阳光，会滋生大量的藻类，而这些藻类恰恰是它最喜爱的食物。这些藻类中有一种特殊的叶红素，它的羽毛呈粉红色就是这种色素作用的结果。

弯弯的嘴巴

　　火烈鸟的嘴是弯弯的，很是奇特。它们以藻类和浮游生物为食，由于这些食物非常分散，而火烈鸟的上嘴中部突向下曲，下嘴较大呈槽状，这样的嘴巴可以使它们更容易将食物从水里捞出来。

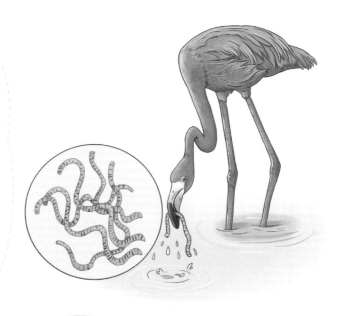

火烈鸟天堂

　　火烈鸟喜欢群居，一个群体成员多的有几十万只，少的也有几万只。在世界上，它们最大的聚集地在肯尼亚和坦桑尼亚的裂谷区，那里被称为"火烈鸟天堂"。

斑马是非洲草原上一种很特别的哺乳动物，它的外形像马，听觉灵敏，是珍贵的观赏动物。因为身上罕见的条纹，它们成为了识别率最高的动物之一。

黄黑相间：斑马

条纹的真正颜色

很多人认为斑马条纹的颜色是黑白相间的，但事实上，是淡黄色的。斑马主要生活在平原和山地，黑黄相间的斑纹能让它们不易被敌人发现，从而更好地保护自己。

与猛兽共舞

为了逃避狮子的追捕，斑马有一个妙招——和其他动物合作，比如鸵鸟。鸵鸟能够尽早给正在玩耍嬉戏、毫无防备的斑马发出警报，让它们有充足的时间逃跑。

神奇的找水本领

斑马有神奇的找水本领，能在干涸的河床或可能有水的地方用蹄子刨土，直到地下水出现。有时，它们能挖出1米多深的"水井"。

萤火虫的光

萤火虫发出的光有黄绿色和橙红色两种，这些光可以起到联络伙伴、吸引异性、发出预警等作用。

夜间灯笼：
萤火虫

小档案

萤火虫的身体扁平细长，体壁和鞘翅较柔软，腹部末端下方有发光器，能发出黄绿色或橙红色的光。

萤火虫为什么能发光

萤火虫体内有一个特殊的"发光器"，由发光细胞、发射层细胞、神经和表皮等组成。在发光细胞里有一种含磷的荧光素，这种化学物质与体内的能量物质结合，能将养分中的化学能转为光能，于是它们就能发光了。

第四章

视觉大师

萤火虫的繁殖

每到夏天，萤火虫就会在潮湿的水草上产下一颗颗乳白色的卵，不久之后，它们就会变硬，然后慢慢孵化成灰色的幼虫。幼虫孵化出来之后，就有了不错的本领，不用依靠爸爸妈妈就能够养活自己！

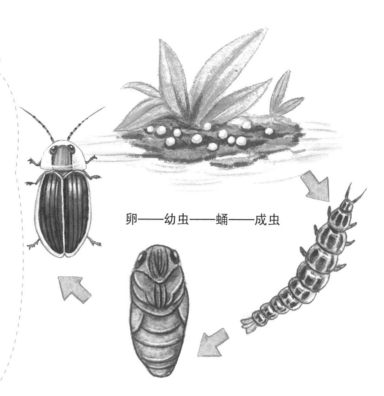

卵——幼虫——蛹——成虫

囊萤照读

相传在晋朝时，有个非常喜欢读书的学子叫车胤，由于他家里非常穷，买不起蜡烛，于是他便捉了许多萤火虫，装在薄薄的布袋子里，他就借着萤火虫的光刻苦学习，后来成为了一位有大学问的人。这就是囊萤照读的故事。

伪装大师：叶鱼

小档案

叶鱼又叫枯叶鱼，体长约10厘米。它的身体是扁扁的，像一片树叶。它的嘴巴很大，下颌有一条"胡须"，那是用来吸引猎物的。它身上有灰色和茶色的不规则黑斑。它喜欢生活在热带河流的上层或水面。

完美伪装术

叶鱼身体的颜色能随环境光线的变化而变化，有绿色，也有枯黄色，所以它常常伪装成一片落叶一动不动地漂在水面上，以此逃过敌人的追捕，或者捕捉食物。

耐心·的猎手

　　在捕猎方面，叶鱼很有耐心，它可以一整天都不动，就是为了等待猎物的到来。当猎物靠近时，它会仔细辨别猎物的大小和强弱，只要比它大一点或是性情凶猛的目标，它宁愿放弃也不愿冒险。

强大的自救能力

　　叶鱼的自救能力让人惊叹。如果它被渔民们捕获，它不会像其他鱼那样猛烈地挣扎，而是像一片枯叶一样一动不动。渔民往往以为它是一片树叶，就不去理它，于是叶鱼就趁机逃走。

狮子鱼体形较小，有非常美艳的外表，但浑身充满了剧毒，被称为"蛇蝎美人"。狮子鱼喜欢生活在海洋的岩礁或珊瑚丛中，小鱼和贝类都是它喜欢的食物。

蛇蝎美人：
狮子鱼

安全防线

在安全的环境下，狮子鱼是温柔的，像一只漂亮的蝴蝶一样展现着自己的美丽。如果感觉不对劲，它就会竖起自己的"防线"，长长的鳍条可是有着让人却步的毒针和毒腺。

第五章

可爱精灵

在自然界中，有很多可爱的动物，比如我国的国宝——大熊猫、身上长着"袋子"的袋鼠，还有看起来笨笨的却非常讨人喜欢的企鹅……现在，就让我们走进它们的世界，感受一下它们的可爱吧！

聪明伶俐：黑猩猩

小档案

黑猩猩是世界上最聪明的动物，它的智力仅次于人类。它身上披着一层黑色的毛发，能像人一样直立行走。它还有一双长长的手，特别吸引人的注意。

分布地地域

黑猩猩主要生活在非洲中部的热带雨林当中。它们集群生活，每群都有一二十个兄弟姐妹，由一只成年雄性率领。

由于人类的捕杀和环境的持续恶化，黑猩猩只剩下大约十万只了，成为了濒临绝种动物。

95

第五章

可爱精灵

黑猩猩的血型

黑猩猩的血型和人类很相似，以Ａ型血为主，有少量０型血，没有Ｂ型血。据说，有一次动物园的一只黑猩猩需要输血，但是没有相同血型的同类。于是，医生不得已给它输了一些与它血型相同的人类的血，居然救了它一命。

在"床"上睡觉

每天傍晚，黑猩猩都要做一张"床"，以便夜里睡觉。首先，它会选择一个树顶有分叉而且比较安全的地方，再用脚把旁边的小树枝拉到一起，编成一张舒服的"软床"。然后，它再把整个身体压在"床"上，躺几分钟，又坐起来，摘一大把树叶当枕头，这才安心睡去。

很高的智商

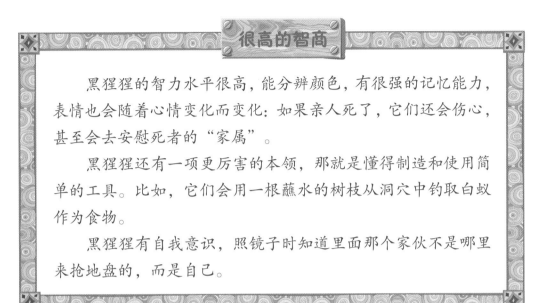

　　黑猩猩的智力水平很高，能分辨颜色，有很强的记忆能力，表情也会随着心情变化而变化：如果亲人死了，它们还会伤心，甚至会去安慰死者的"家属"。

　　黑猩猩还有一项更厉害的本领，那就是懂得制造和使用简单的工具。比如，它们会用一根蘸水的树枝从洞穴中钓取白蚁作为食物。

　　黑猩猩有自我意识，照镜子时知道里面那个家伙不是哪里来抢地盘的，而是自己。

97

高处不胜寒：长颈鹿

小档案

长颈鹿长有一对角，终生不会脱落。它的身上还有很多网状斑纹，这些网状斑纹是天然的保护色。它是现在陆地上最高的动物，最高的有6米多高。它的脖子很长，差不多占了身高的一半！

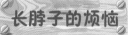

长脖子的烦恼

因为有了长脖子，长颈鹿很容易就吃到高处的树叶，还能发现远处的敌人。可是，长脖子也给它带来不少小麻烦，喝水的时候，它就必须努力叉开前腿。

天生"高血压"

长颈鹿天生就有"高血压"。心脏收缩时，它的血压是一个成年人正常血压的 3 倍。因为只有这么大的压力，心脏才能把血液送到脑袋上去。

个大胆小

别看长颈鹿个子很大，但它的胆子很小。遇到敌人时，它总是望风而逃。只有跑不掉的时候，它才想起用铁锤似的巨蹄进行反击。

口袋随身带：袋鼠

小档案

袋鼠生活在大洋洲，是澳大利亚的国宝。它们有强壮的后腿，非常善于跳跃。它们之所以被称为袋鼠，是因为雌性袋鼠长有育儿袋。育儿袋里有4个乳头，小宝宝能在育儿袋里快乐成长。

幸福的童年

小袋鼠刚出生，就会爬到妈妈的育儿袋里，六七个月以后，它们才开始到外面活动。可一受惊吓，它们又会很快地钻回育儿袋。直到一岁多的时候，小袋鼠才开始独立生活。

袋鼠的另一条腿

除了有一双强壮的后腿，袋鼠还有一条强健有力的尾巴。这条尾巴又粗又长，长满肌肉，既能在休息时支撑身体，又能在跳跃时保持平衡。可以说，尾巴是袋鼠的另一条腿。

好斗的拳击手

袋鼠非常好斗，争斗时，它们会挥动前腿，互相抓挠，好像是在打拳击赛；有时，它们还会抬起两条后腿，用力蹬对方。当袋鼠遇到强敌时，也常常采取这样的方式与敌人打斗。

第五章

可爱精灵

沙漠之舟：骆驼

小档案

骆驼被称为"沙漠之舟"，因为它能在沙漠中自由行走。骆驼的脖子粗长并有点弯曲，背上有驼峰，蹄子扁平，蹄底有肉垫。骆驼极耐渴，在没有水的条件下也能生存3周。

古怪的长相

骆驼长相奇特，有羊一样的脑袋、兔子一样的嘴巴、牛一样的蹄子、马一样的鬃毛。不过，最奇特的还是它背上那高高隆起的驼峰。不知道的人，还以为它是受伤了！

神奇的驼峰

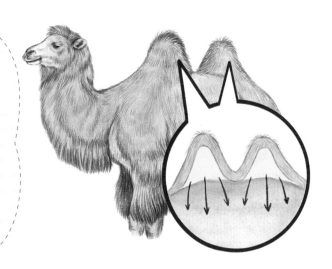

有的骆驼只有一个驼峰，有的有两个。在以前，人们认为驼峰里装满了水，事实上，驼峰里装的是脂肪。当骆驼长途跋涉时，驼峰里的脂肪就会分解，变成营养和水分。

沙漠之舟

骆驼的耳朵里有毛，能阻挡风沙；它的双重眼睑和长睫毛也能阻挡风沙；蹄子扁平有"肉垫"，适合在沙漠中行走；鼻子灵敏，能嗅到远处的水源，还能预感大风的到来。正是这些神奇的"装备"，使骆驼赢得了"沙漠之舟"的美誉。

吉祥动物：驯鹿

小档案

驯鹿生活在北半球的环北极地区，体长约1米，身高约1米。驯鹿的脑袋上长着很多分叉的尖角，因此，它又被称为"角鹿"。在传说中，驯鹿还是圣诞老人的坐骑呢！

吉祥的象征

驯鹿每年都会沿着固定的路线进行一次长途迁徙，并且在迁徙中完成族群的繁衍生息。

在中国，鄂温克族就饲养了驯鹿，他们与驯鹿有着非常深厚的感情，他们把驯鹿看成是吉祥、幸福、进取的象征。

拉雪橇的精灵

传说，驯鹿是替圣诞老人拉雪橇的动物，领头的叫鲁道夫。鲁道夫有一个红鼻子，经常遭受别人的嘲笑。有一年的平安夜，浓雾笼罩了大地，圣诞老人看不见任何烟囱。这时候，鲁道夫出现了，带着圣诞老人找到了每一根烟囱，因为它的红鼻子能照亮前方。

生长快速

小驯鹿生长的速度极快，是任何动物都无法比拟的。出生两三天后，小驯鹿就能跟着大部队一起赶路，一周之后，它们就能像父母一样跑得飞快。

105

飞毛腿：鸵鸟

飞毛腿

虽然鸵鸟不会飞，但它们跑的速度很快。在快速奔跑时，鸵鸟一步可以跨出 8 米，但这种快跑只能维持 5 分钟。如果被敌人追上了，它们就只好用"飞毛腿"来攻击敌人了。

小档案

鸵鸟是世界上最大的鸟，成年鸵鸟的身高有两三米。它们的脖子很长，脑袋很小，有着强健的双脚。鸵鸟喜欢群居，嗅觉、听觉都很灵敏。

隐身术

虽然鸵鸟是鸟类，但是它们不会飞，逃跑能力也不行。所以，鸵鸟发现敌人后，就会把身体紧紧地贴在地面上，将头埋进沙子里，让地上的黄沙和枯草把自己遮蔽起来，就好像隐身了一样，以躲过杀身之祸。

最大的鸟蛋

鸵鸟是最大的鸟，鸵鸟蛋当然也是最大的鸟蛋啦！它们的蛋一般长15厘米，重约1.5千克。蛋壳非常坚硬，能承受一个成年人类的重量。

第五章

可爱精灵

海港清洁工：**海鸥**

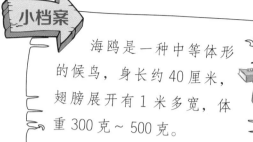

小档案

海鸥是一种中等体形的候鸟，身长约 40 厘米，翅膀展开有 1 米多宽，体重 300 克~500 克。

海港清洁工

海鸥以海边的昆虫、软体动物、甲壳动物为食，也捕食岸边的鱼虾，啄取人们丢弃的剩饭残羹，所以它被戏称为"海港清洁工"。因此，海鸥经常出现在港口、码头、海湾、轮船周围以及航船的航线上。

安全"预报员"

　　海鸥是海上航行安全的"预报员"。因为它常常停落在浅滩、岩石或暗礁周围，群飞鸣噪，这对航海者来说无疑是一种提防撞礁的信号。还有，如果在大海中迷失方向，还可以根据海鸥飞行的方向来寻找港口。

预测天气的能手

　　高明的渔民能从海鸥飞行的状态来预测天气：如果海鸥贴近海面飞行，那么接下来几天将是晴天；如果海鸥沿着海边徘徊，那么天气将会逐渐变坏；如果海鸥离开水面，高高地飞翔或成群地聚集在岩石缝里，则预示着暴风雨即将来临。

第五章

可爱精灵

口技大师：鹦鹉

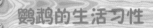

小档案

鹦鹉是世界上最美丽、最会鸣叫的鸟类。鹦鹉是典型的攀禽，对趾型足，两趾向前两趾向后，适合抓握；鸟喙呈钩状并且强劲有力，可食用硬壳果。

鹦鹉的生活习性

鹦鹉生活在热带森林，也常常飞去果园、农田和空旷的草地上玩耍。它们一般在树枝上栖息，喜欢用树洞来做巢穴。

鹦鹉学舌

鹦鹉的羽色鲜艳，又非常擅长模仿人类说话，所以常被人们作为宠物饲养。如果鹦鹉经过训练，会唱歌、和人打招呼，还能模仿很多声音，比如火车的鸣笛声、狗叫声以及其他鸟类的鸣叫声，等等。

金刚鹦鹉

在鹦鹉这个大家族中，产自于美洲热带地区的金刚鹦鹉最惹人喜爱。金刚鹦鹉体形大，羽毛华丽夺目，表情丰富，模仿能力很强。当它们感到害羞或激动时，脸会像人一样涨红，非常神奇！由于金刚鹦鹉特别受人们的喜爱，因此成为人们重点捕捉的对象，导致它们濒临灭绝。

第五章
可爱精灵

森林医生：
啄木鸟

小档案

啄木鸟的嘴巴很直，像凿子一样；它的舌很长，而且能伸缩；它尾巴的羽毛坚硬并富有弹性，可以倚在树上支撑身体。啄木鸟生活在森林之中，喜欢吃长在树上的虫子，是当之无愧的“森林医生”。

独特的“乐章”

许多鸟儿都能唱出婉转的歌声，但啄木鸟发出的声音永远是单调的“咚咚”声，这种独特的“乐章”就是它用嘴敲击木头的声音。你可别小看这种声音，这不但是在给大树“治病”的声音，还是啄木鸟确定自己地盘的方式，很神奇吧？

森林医生

啄木鸟能发现隐藏在树皮底下和树干里的害虫,并将那些害虫啄出来吃掉,是当之无愧的"森林医生"。啄木鸟的食量很大,一次能吃下几百条虫子。如果森林中有它们,那片森林就不会有虫害了。

尽职的夫妻

春季是啄木鸟的繁殖期。为了吸引异性,雄性啄木鸟会热烈地敲打空心树干。产完卵之后,夫妻双方都很尽职尽责,轮流承担孵化工作。孵化之后,它们还会传授孩子飞翔和捕食的本领。

第五章

可爱精灵

大迁徙：燕子

小档案

燕子体态轻盈，一对翅膀又窄又长，飞行时好像两把锋利的镰刀。它们主要以蚊、蝇等昆虫为主食，几个月就能吃掉几十万只昆虫，是众所周知的益鸟。

南北大迁徙

每年秋天，燕子都要进行长途旅行——从北方飞向南方过冬。这是为什么呢？因为燕子以空中的昆虫为食，但在北方的冬天，很少有昆虫在天上飞，所以它们只能到温暖的南方寻找食物了。

长寿吉祥：龟

小档案

龟的动作缓慢，身上还长了一个坚硬的"盔甲"——甲壳。遇到危险的时候，它还会把头、尾及四肢缩回壳内。

美好的寓意

龟是现存最古老的爬行动物之一，和远古时代的恐龙是"亲戚"。龟的寿命很长，有的可以存活300多年，因此人们就赋予了它们长寿吉祥的寓意。

大个子龟

龟的家族成员较多，体形也各不相同，有很小的，如养在鱼缸里的龟。当然，也有很大的龟，陆地上最大的龟叫象龟，体长可达1.8米；海龟的体形也较大，体长也有1米多。

第五章

可爱精灵

大嘴巴：

河马

小档案

河马的身体庞大，有一两吨重，四肢粗短，嘴巴大耳朵小。它们生活在南非洲和中非洲的河湖、沼泽附近水草繁茂的地方，专门吃食草类动物和水生植物，有时也会吞吃泥土以补充矿物质。

大嘴巴

大嘴巴是河马的特点，因为陆地上任何动物的嘴巴都没有它们的大。当它们张开嘴时，一个成年人的身体都填不满。河马的嘴不但大，而且很有力，能一口就把小船咬成两半。

羚羊家族成员多，种类也很多。羚羊体态优美，身高 60 厘米～90 厘米，经常 5 只～10 只聚成一群，但有时一群可多达数百只。它们生活在草原、旷野或沙漠，也有的栖息于山区地带。

体态优美：
羚羊

世界各地的羚羊

羚羊分布的范围非常广：阿拉伯大羚羊生活在阿拉伯半岛，印度瞪羚和印度黑羚生活在印度。生活在中国最有名的羚羊品种是藏羚羊，它们生活在中国青藏高原，数量稀少，是国家一级保护动物。成年藏羚羊头上有竖琴形状的角，十分漂亮。

动物世界

泥巴常客：
犀牛

小档案

犀牛主要分布在非洲和东南亚，它们都有一个共同的特点，那就是腿短、体格粗壮。在家族中，白犀牛的体形最大，长可达 4 米，肩高 1.8 米，重达 2 吨。

独特的犀牛角

犀牛的鼻子上面长着一根尖尖的角，这是犀牛最显著的特点。这根角由排列密集的角纤维构成，不属于骨骼的一部分，折断后可以再生。犀牛死后，这根角会逐渐消失。

爱滚泥巴的胖子

犀牛的皮肤虽然坚硬，但褶缝里的皮肤十分娇嫩，经常有寄生虫爬到里面，为了赶走这些虫子，它们要常常到泥水中打滚。

保护动物

犀牛在自然界里没有任何天敌，但犀牛角的经济价值和药用价值非常高，所以它们经常遭到人类的大肆捕杀，目前被列为国际保护动物。世界上现存黑犀牛、白犀牛、印度犀牛、苏门答腊犀牛和爪哇犀牛等，有三种处于绝种的边缘，其余两种也处在濒危状态。

第五章

可爱精灵

中国国宝

大熊猫在地球上已经生存了几百万年，被誉为"活化石"和"中国国宝"，它还是世界自然基金会的形象大使，也是国家一级保护动物。

大熊猫生活在中国中西部四川盆地周边的山区。由于它是中国独有的珍稀动物，所以大熊猫是友好的使者，为中国的对外友好关系作出了不可磨灭的贡献。

中国国宝：
大熊猫

小档案

大熊猫全身只有两种颜色——黑色和白色，它们特别爱吃竹子，有着圆圆的脸颊、大大的黑眼圈、胖嘟嘟的身体，是世界上最可爱的动物之一。

爱吃竹子

大熊猫最喜欢吃竹子，它们以竹子为主食，春夏时吃竹笋，秋季吃竹叶，冬季吃竹竿。大多数的时间，它们都是在吃东西。不管在什么地方，也不管是什么姿势——坐着、平躺、侧倚——它们就不停地剥竹竿，吃竹子。

可爱的大熊猫

每天，大熊猫都会花费半天的时间来进食，剩下的一半时间多数是在睡梦中度过。因为生活环境相对来说比较安逸，所以它们可以无忧无虑地玩耍，走路慢吞吞，吃东西也是慢吞吞的。大熊猫性情温顺，见到生人还会害羞！

国宝级物种：
金丝猴

分布及种类

金丝猴的种类主要有滇金丝猴、黔金丝猴、川金丝猴、越南金丝猴和怒江金丝猴（暂定名）。滇金丝猴远居滇藏的雪山杉树林，数量仅千余只；黔金丝猴仅见于贵州梵净山，数量才700多只；川金丝猴，分布于四川、陕西、湖北及甘肃，它们深居山林，结群生活。

小档案

与大熊猫一样，金丝猴也是"国宝级动物"。金丝猴的毛色艳丽，形态独特，动作优雅，性情温和。它们的鼻孔朝天，所以又有"仰鼻猴"的别称。

吉祥的象征：大象

小档案

大象是陆地上最大的动物，肩高约 3 米，体重 7 吨～11 吨。大象有一对扇子般的耳朵、四条柱子般的腿、水管般的长鼻子。它们的食量非常大，每日要吃 200 多千克的食物。

濒临灭绝

因为象牙的价格昂贵，所以大象的数量急剧下降，现在已经成为了濒危野生动物。在中国，只有云南省才有少量分布。

吉祥的象征

大象的寿命普遍很长，据记载，格拉帕格斯群岛的长寿象能活 180 岁～200 岁。勤劳能干、聪明灵性的"象"谐音"祥"，所以它被赋予了吉祥的寓意。

图书在版编目（CIP）数据

动物世界 / 九色麓主编 . –– 南昌：二十一世纪出版社集团，2017.6
（奇趣百科馆；1）
ISBN 978-7-5568-2693-3

Ⅰ.①动… Ⅱ.①九… Ⅲ.①动物–少儿读物 Ⅳ.① Q95–49

中国版本图书馆 CIP 数据核字 (2017) 第 114753 号

动物世界　　九色麓 主编

出 版 人	张秋林
编辑统筹	方　敏
责任编辑	刘长江
封面设计	李俏丹
出版发行	二十一世纪出版社（江西省南昌市子安路 75 号　330025）
	www.21cccc.com　cc21@163.net
印　　刷	江西宏达彩印有限公司
版　　次	2017 年 7 月第 1 版
印　　次	2017 年 7 月第 1 次印刷
开　　本	787mm×1092mm　1/16
印　　数	1–8,000 册
印　　张	7.75
字　　数	70 千字
书　　号	ISBN 978-7-5568-2693-3
定　　价	25.00 元

赣版权登字 –04–2017–365